Rahul Dev Behera
Prabhakiran Dash
Debasis Purohit

Gestão da saúde do solo para uma elevada produtividade sustentável

Rahul Dev Behera
Prabhakiran Dash
Debasis Purohit

Gestão da saúde do solo para uma elevada produtividade sustentável

ScienciaScripts

Imprint

Any brand names and product names mentioned in this book are subject to trademark, brand or patent protection and are trademarks or registered trademarks of their respective holders. The use of brand names, product names, common names, trade names, product descriptions etc. even without a particular marking in this work is in no way to be construed to mean that such names may be regarded as unrestricted in respect of trademark and brand protection legislation and could thus be used by anyone.

Cover image: www.ingimage.com

This book is a translation from the original published under ISBN 978-3-659-61731-7.

Publisher:
Sciencia Scripts
is a trademark of
Dodo Books Indian Ocean Ltd. and OmniScriptum S.R.L publishing group

120 High Road, East Finchley, London, N2 9ED, United Kingdom
Str. Armeneasca 28/1, office 1, Chisinau MD-2012, Republic of Moldova, Europe
Printed at: see last page
ISBN: 978-620-7-96909-8

ÍNDICE DE CONTEÚDOS:

CAPÍTULO 1 2

CAPÍTULO 2 3

CAPÍTULO 3 4

CAPÍTULO 4 5

CAPÍTULO 5 6

CAPÍTULO 6 8

CAPÍTULO 7 9

CAPÍTULO 8 11

CAPÍTULO 9 13

CAPÍTULO 10 14

CAPÍTULO 11 17

CAPÍTULO 12 37

CAPÍTULO 13 38

CAPÍTULO 14 39

CAPÍTULO 15 40

CAPÍTULO 16 41

CAPÍTULO 17 43

CAPÍTULO 18 45

CAPÍTULO 1

INTRODUÇÃO

O solo é uma camada fina da crosta terrestre e é um meio vivo, que é um dos factores importantes da produção agrícola e serve como fonte natural de nutrientes para o crescimento das plantas. Os componentes dos solos são o material mineral, a matéria orgânica, a água e o ar, cujas proporções variam e que, em conjunto, formam um sistema para o crescimento das plantas.

Os solos são ecossistemas dinâmicos que suportam uma diversidade de vida. Por conseguinte, o conceito de saúde do solo, tal como o de saúde humana, não é difícil de compreender ou reconhecer quando o sistema é visto como um todo. O desafio consiste em gerir os solos de modo a que sejam capazes de desempenhar as várias utilizações a que se destinam sem degradação do próprio solo ou do ambiente.

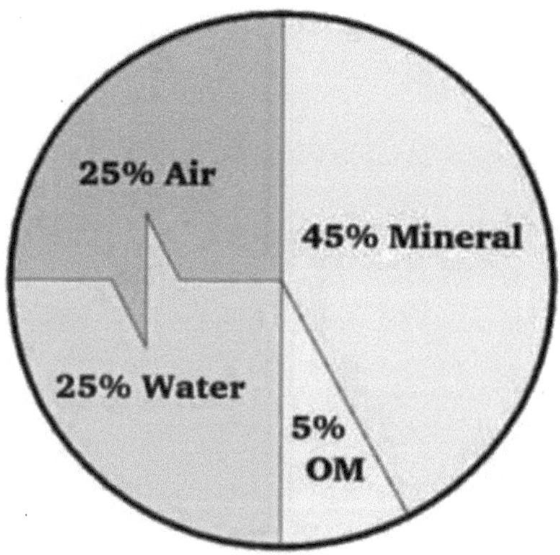

CAPÍTULO 2

<u>OS QUATRO COMPONENTES DO SOLO</u>

Quando apanhamos um punhado de terra, apenas metade desse volume é material sólido (minerais e matéria orgânica). A outra metade deve ser espaço poroso ocupado por ar (25%) e água (25%). Assim, o solo é constituído por quatro componentes básicos:

1. **<u>Mineral (45%, + ou -, em volume):</u>**

A componente mineral do solo é constituída por rochas trituradas ao longo do tempo geológico em resultado de acções físicas, químicas e biológicas. Trata-se de farinha de rocha ou de pedra. II

2. **<u>Matéria orgânica (5%, + ou -):</u>**

A matéria orgânica é constituída por uma grande variedade de substâncias orgânicas (que contêm carbono), incluindo organismos vivos, biomassa vegetal e restos de carbono de organismos e plantas. Alguns microrganismos do solo decompõem os restos de plantas, animais e outros microrganismos; outros sintetizam novas substâncias.

3. **<u>Ar do solo (25%):</u>**

O ar do solo ocupa os espaços intersticiais entre as partículas do solo. O seu papel principal é fornecer oxigénio para alimentar as actividades aeróbicas (que requerem oxigénio) dos microrganismos e das raízes das plantas. As bactérias do solo que se associam às raízes de leguminosas como o feijão e a ervilha utilizam a componente azotada do ar do solo para fixar o azoto numa forma que as raízes das plantas podem assimilar.

4. **<u>Água (25%):</u>** A água do solo ou a solução do solo transporta nutrientes dissolvidos que fluem e são ativamente interceptados pelas raízes das plantas. Assim, a solução do solo é o veículo para os nutrientes fluírem para as plantas e, juntamente com os produtos da fotossíntese, "crescerem a planta". A solução do solo também dá às plantas o seu turgor e rigidez.

CAPÍTULO 3

AGRICULTURA SUSTENTÁVEL

"Alimentar o solo para alimentar a planta" é um princípio básico da agricultura e jardinagem *biológicas*.

1. "A agricultura sustentável é definida como uma abordagem à agricultura cujo objetivo é criar sistemas alimentares e agrícolas ambientalmente sãos, economicamente viáveis e socialmente justos.

2. A ênfase é colocada nos recursos renováveis e na gestão dos processos e interações ecológicos e biológicos auto-reguladores, a fim de proporcionar níveis aceitáveis de nutrição vegetal, animal e humana, proteção contra pragas e doenças e um rendimento adequado aos recursos humanos e outros recursos utilizados.

3. A dependência de factores de produção externos, quer químicos quer orgânicos, é reduzida tanto quanto possível na prática.

4. O objetivo de sustentabilidade a longo prazo está no cerne da agricultura biológica e é um dos principais factores que determinam a aceitabilidade de práticas de produção específicas.

5. A agricultura sustentável também engloba: A manutenção ou recuperação das paisagens ecológicas circundantes; a viabilidade económica para todos os envolvidos na produção, transformação e distribuição agrícola; e uma distribuição mais equitativa dos produtos agrícolas para assegurar a satisfação das necessidades humanas básicas.

CAPÍTULO 4

FERTILIDADE E SAÚDE DO SOLO EM SISTEMAS AGRÍCOLAS SUSTENTÁVEIS

1. A saúde do sololl e a qualidade do soloII podem ser utilizadas indistintamente. São elas: A capacidade de um solo funcionar, dentro dos limites do uso da terra e do ecossistema, para sustentar a produtividade biológica, manter a qualidade ambiental e promover a saúde vegetal, animal e humana (Doran e Parkin 1994).

2. A fertilidade do solo é uma caraterística da saúde do solo aplicada aos agro-ecossistemas. É a capacidade de um solo fornecer nutrientes em quantidade adequada e de forma equilibrada, conforme exigido pelas plantas para o seu crescimento.

3. A saúde do solo é estabelecida através das interações das propriedades físicas, químicas e biológicas do solo

    i. As propriedades físicas incluem a textura do solo, uma medida física da percentagem de areia, silte e argila; e a estrutura do solo, a disposição das partículas individuais do solo (areia, silte, argila) em agregados ou aglomerados II

    ii. As propriedades químicas de um solo medem a sua capacidade de transporte de nutrientes e o seu pH (acidez)

    iii. As propriedades biológicas referem-se à comunidade de organismos do solo (principalmente bactérias, fungos e actinomicetos)

CAPÍTULO 5

PROPRIEDADES IMPORTANTES PARA A SAÚDE DO SOLO

Embora as propriedades que constituem um solo saudável não sejam as mesmas em todos os sítios e em todas as situações, existem algumas propriedades importantes que indicam a saúde do solo. Estas propriedades dividem-se em três categorias principais:

Propriedades químicas do solo

Propriedades físicas do solo

Propriedades biológicas do solo.

O quadro seguinte apresenta alguns dos indicadores químicos, físicos e biológicos da saúde do solo habitualmente utilizados. Nem todos estes indicadores são testados em todos os casos e, nalgumas circunstâncias, podem ser testados outros indicadores para além dos enumerados no quadro.

O que constitui exatamente um solo saudável depende das condições locais em que o solo se formou e da utilização que lhe está a ser dada. Por este motivo, não existe um grupo único de testes para a saúde do solo, nem um conjunto único de resultados destes testes que indique que um solo é saudável.

Ao avaliar a saúde do solo, toda a informação recolhida deve ser reunida, avaliada como um grupo e as conclusões devem ser tiradas caso a caso.

Chemical Indicators	Physical Indicators	Biological Indicators
Soil reaction or pH	Texture	Organic matter content
Electrical conductivity	Bulk density	Microbial biomass (carbon and nitrogen)
Organic matter	Rooting depth Penetration resistance	
Total carbon		Active carbon
Total nitrogen	Aggregate stability	Earthworm
Mineralisable Nitrogen	Water holding	populations Nematode
Cation exchange capacity	capacity	populations

Exchangeable Ca^{2+} & Mg^{2+}

Major and minor nutrients

Heavy metals

other plant toxins

Infiltration rate

Surface and sub

Hardpan

Depth to hardpan

Erosive potential

Aeration

Arthropod populations

surface Mycorrihizal fungi

Respiration rate

Soil enzyme activities

Pollutant

detoxification

Decomposition rate

Disease suppressiveness

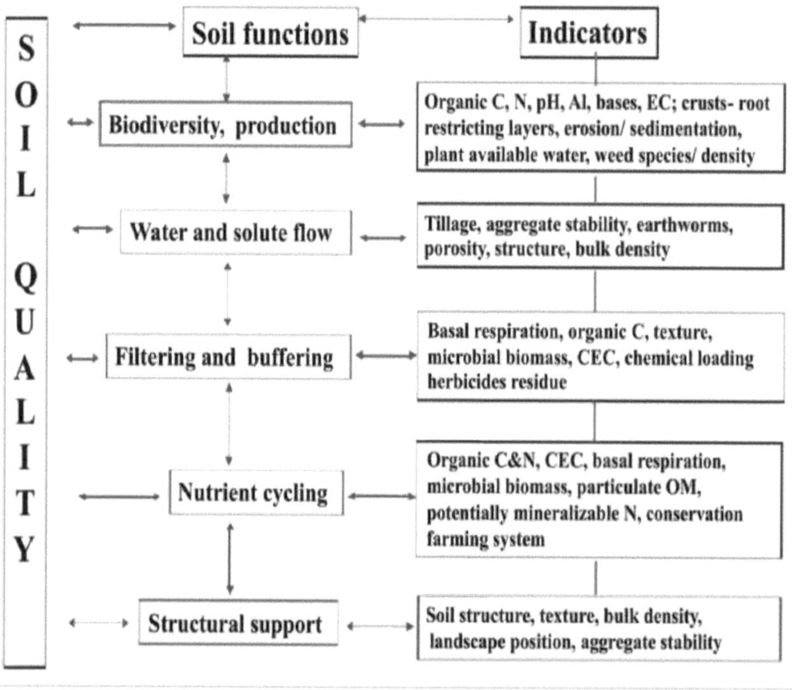

SOIL QUALITY
Soil functions
Indicators
Biodiversity, production
Organic C, N, pH, Al, bases, EC; crusts- root restricting layers, erosion/ sedimentation, plant available water, weed species/ density
Water and solute flow
Tillage, aggregate stability, earthworms, porosity, structure, bulk density
Filtering and buffering
Basal respiration, organic C, texture, microbial biomass, CEC, chemical loading herbicides residue
Nutrient cycling
Organic C&N, CEC, basal respiration, microbial biomass, particulate OM, potentially mineralizable N, conservation farming system
Structural support
Soil structure, texture, bulk density, landscape position, aggregate stability

CAPÍTULO 6

CAPÍTULO 7

Caraterísticas físicas, químicas e biológicas do solo propostas por dorul e parkin (1994) como indicadores básicos da qualidade do solo

Physical characteristics	Relationship to soil condition or function	Rationale for selection as priority measurement
Soil texture	Retention and transport of water and chemical	Process modeling, erosion, and productivity estimates
Profile, topsoil and rooting depth1	Productivity and erosion estimates	Normalization of landscape and geographic variables
Bulk density and water infiltration1	Leaching, productivity, and erosivity estimates	Physical characteristics and for adjustment of measurements to volumetric basis
Water retention capacity1	Water retention, transport, and erosivity	Water available for plant and microbial processes
Chemical characteristics		
Total organic C and N	Soil fertility, stability and erosion status	Process modeling and normalization of site characteristics
pH	Biological and chemical activity thresholds	Process modelling
Electrical conductivity	Plant and microbial activity thresholds	Productivity and environmental quality indicators

Extractable N,P,K		Potential N loss and plant available nutrients
Biological Activities		
Microbial biomass C & N	Microbial catalytic potential and capacity for C and N retention	Process modeling and early indicator of adverse practices affecting soil organic matter content
Potentially Mineralizable		Process modeling and surrogate indicator for microbial biomass
Soil Respiration	Microbial and sometimes plant content and temperature1 activity	Process modeling and estimate of microbial biomass activity

CAPÍTULO 8

O QUE É UM SOLO SAUDÁVEL E CARACTERÍSTICAS DO SOLO SAUDÁVEL

O termo¯ saúde do solo refere-se ao estado do solo. Um solo saudável é produtivo com menos esforço. Tem propriedades físicas, químicas e biológicas que suportam facilmente plantas saudáveis, seres humanos e outros animais, e mantêm um ambiente saudável.

Um solo saudável tem as seguintes caraterísticas

- **Boa fertilidade**: Um bom solo (condições físicas adequadas) ajuda as raízes das plantas a desenvolverem-se com o mínimo de esforço. O solo tem uma boa fertilidade. II Isto inclui uma boa estrutura que resiste à degradação (por exemplo, erosão e compactação), proporciona um arejamento adequado e uma rápida infiltração da água, e aceita, retém e liberta água para as plantas e para as águas subterrâneas

- **Profundidade suficiente**: O solo deve ser suficientemente profundo para não limitar o crescimento das raízes das plantas.

- **Fornecimento suficiente mas não excessivo de nutrientes:** Um fornecimento adequado de nutrientes como o azoto e o fósforo é importante para o crescimento ótimo das plantas, mas o excesso de nutrientes deixados no solo pode degradar a qualidade da água devido à lixiviação e ao escoamento.

Macro e micronutrientes: O solo fornece níveis adequados de macro e micronutrientes às plantas e aos micróbios do solo. Isto reflecte a capacidade do solo para mineralizar nutrientes e um pH moderado (6,0-7,0) que permite que os nutrientes sejam retidos no solo e disponibilizados às plantas conforme necessário.

Pequena população de agentes patogénicos para as plantas e de insectos nocivos: Um solo saudável tem baixas populações destes organismos nocivos que resistem ao crescimento das culturas.

- **Boa drenagem**: Um solo saudável drena a água rapidamente, mas retém água suficiente para ser absorvida pelas plantas.

- **Grande população de organismos benéficos**: Um solo saudável tem populações elevadas e diversificadas de organismos benéficos, incluindo insectos do solo e minhocas.

- **Poucos problemas com ervas daninhas:** um solo saudável pode ajudar as plantas a competir com as ervas daninhas, reduzindo assim os problemas com ervas daninhas.

- **Sem químicos e toxinas**: Um solo saudável está livre de químicos e toxinas nocivos.

- **<u>Resistente à degradação</u>**: Um solo saudável é mais resistente a fenómenos adversos como a erosão eólica e hídrica, o excesso de precipitação e a seca extrema.

- **<u>Resiliência</u>**: Quando ocorrem condições desfavoráveis, como o stress da seca, um solo saudável recupera mais rapidamente. Os solos com elevada resiliência são capazes de resistir a fenómenos deletérios, como a seca e as inundações

<u>Bom habitat biótico</u>: O solo promove um bom crescimento das raízes e mantém um bom habitat biótico que sustenta populações elevadas e diversificadas de organismos benéficos e populações reduzidas de pragas e agentes patogénicos

Solos com <u>baixos níveis</u> de <u>salinidade</u> e baixos níveis de elementos potencialmente tóxicos (por exemplo, boro, manganês e alumínio)

CAPÍTULO 9

OBJECTIVOS DE UM PROGRAMA SUSTENTÁVEL DE GESTÃO DA FERTILIDADE DO SOLO

1. Sustentar uma elevada produtividade e qualidade das culturas na produção de alimentos e fibras (e não rendimentos máximos, que normalmente requerem um aporte excessivo de nutrientes) a) Produtividade e qualidade das culturas e viabilidade económica de uma determinada exploração agrícola

2. Minimizar os riscos para a qualidade ambiental e para a saúde humana associados à produção agrícola a) Passos importantes para minimizar os riscos para a saúde humana e os impactos dentro e fora da exploração agrícola. i. Evitar a utilização de todos os materiais compostos sinteticamente (por exemplo, fertilizantes e agentes de controlo de pragas, etc.) conhecidos por terem um risco associado para a qualidade ambiental ou para a saúde humana

ii. Evitar a criação de poluição de origem não pontual (NPS) através de escoamento superficial e lixiviação. O excesso de nutrientes (especialmente azoto e fósforo) pode degradar a qualidade das águas subterrâneas, das águas doces superficiais (por exemplo, rios, lagos e zonas húmidas) e dos ambientes marinhos próximos da costa, causando eutrofização (baixos níveis de oxigénio) e permitindo que as espécies infestantes ultrapassem as espécies nativas, bem como poluindo a água potável

iii. Evitar a erosão do solo e a sedimentação dos cursos de água. A perda de solo reduz a capacidade de produção e o solo que entra nos cursos de água pode degradar o habitat aquático (ver mais no Suplemento 2, Os Efeitos Socioambientais Globais da Erosão do Solo).

iv. Fechar os ciclos de nutrientes, tanto quanto possível, no campo e na exploração agrícola para reduzir o consumo de energia e o impacto ambiental da produção de alimentos e fibras

v. Fechar os ciclos de nutrientes a várias escalas (por exemplo, bacia hidrográfica, regional e nacional) 3.

Avaliar e manter a saúde do solo para o funcionamento a longo prazo dos objectivos acima referidos.

CAPÍTULO 10

IMPORTÂNCIA DA GESTÃO DA SAÚDE DO SOLO

Devido ao aumento constante da população, ao sistema de cultivo altamente intensivo e à diminuição da área cultivada, é necessário manter a qualidade do solo. Produção de cereais/tonelada de fertilizante

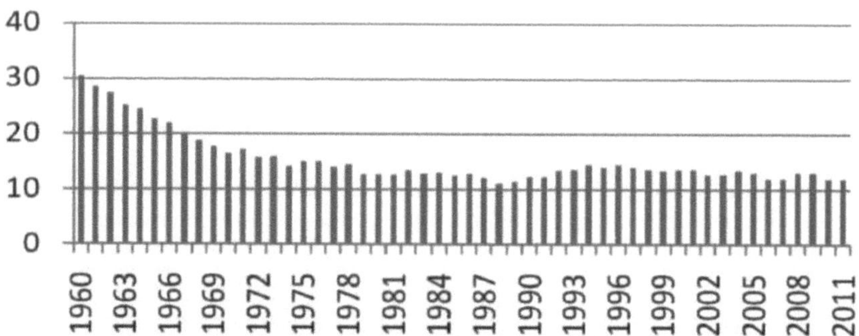

Produção de cereais alimentares/tonelada de fertilizante

Fonte: www.earthpolicy.org. e outras fontes

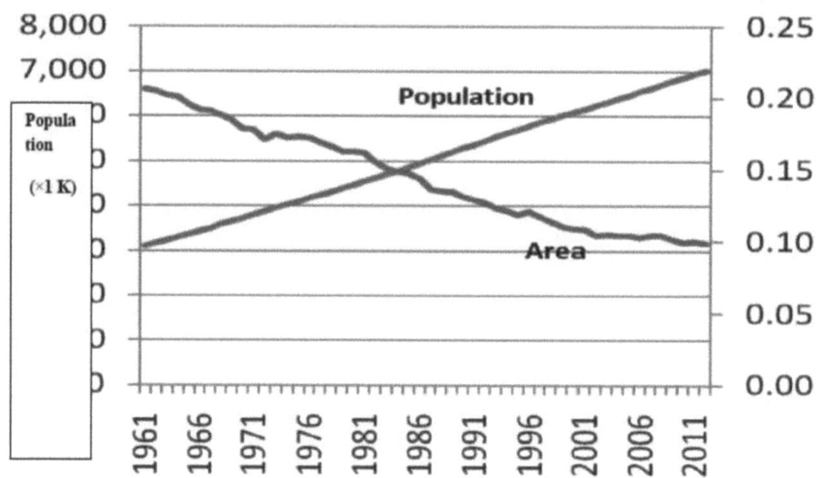

População e área de cereais alimentares ha/caputFonte: ONU 2014 e outras fontes

Área florestal global

Fonte: FAOSTAT 2015+outros relatórios

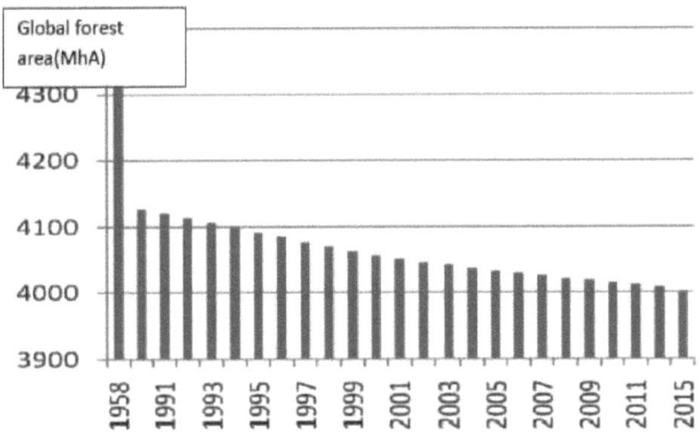

- O solo é um recurso crítico - a forma como é gerido pode melhorar ou degradar a qualidade desse recurso.

- O solo é um ecossistema complexo onde microorganismos vivos e raízes de plantas ligam partículas minerais e matéria orgânica numa estrutura dinâmica que regula a água, o ar e os nutrientes.

- Num contexto agrícola, a saúde do solo refere-se mais frequentemente à capacidade do solo para manter a produtividade agrícola e proteger os recursos ambientais.

- Um solo saudável desempenha muitas funções que apoiam o crescimento das plantas, incluindo o ciclo de nutrientes, o controlo biológico das pragas das plantas e a regulação do abastecimento de água e ar.

- Estas funções são influenciadas pelas propriedades físicas, químicas e biológicas inter-relacionadas do solo, muitas das quais são sensíveis às práticas de gestão do solo.

- A construção ou manutenção de um solo saudável melhora a produtividade das terras de cultivo, das pastagens e das florestas. Um solo saudável requer menos manutenção, tornando os relvados, os jardins e as paisagens mais fáceis de cuidar. Um solo saudável também ajuda a reduzir a erosão causada pelo vento e pela água, protegendo assim a qualidade do ar e da água.

Outros benefícios incluem:

- Aumento do crescimento das plantas e do rendimento das colheitas.

- Aumento da retenção e do ciclo de nutrientes como o carbono, o azoto, o fósforo e outros nutrientes.

- Aumento da capacidade do solo para reter a humidade e os nutrientes.

- Melhoria da capacidade de filtragem e de proteção contra potenciais poluentes orgânicos e inorgânicos.

- Poupança de tempo e dinheiro através da redução da utilização de água, fertilizantes, pesticidas e herbicidas.
- Reciclagem de nutrientes
- Manutenção da biodiversidade do solo.

CAPÍTULO 11

<u>PRÁTICAS DE GESTÃO PARA UM SOLO SAUDÁVEL</u>

[ADIÇÃO DE MATÉRIA ORGÂNICA AO SOLO:

PAPEL DA MATÉRIA ORGÂNICA NA SAÚDE DO SOLO:

Provavelmente, a propriedade do solo mais importante em termos de saúde do solo é a **matéria orgânica**

conteúdo do solo (SOM). Isto deve-se ao facto de o teor de MO ter uma profunda influência nas propriedades químicas, físicas e biológicas de um determinado solo. Dentro das gamas naturais normais dos solos minerais, os aumentos de MO têm geralmente uma influência positiva na saúde do solo, enquanto as perdas de MO tendem a ter um impacto negativo.

1 O papel da matéria orgânica nas propriedades físicas do solo:

As maiores influências do MOS nas propriedades físicas do solo estão relacionadas com

Formação de agregados e estabilidade.

Em combinação com as secreções dos organismos do solo, a decomposição da MOS produz colas semelhantes a mucoII que ajudam a criar e a estabilizar os agregados do solo.

Por sua vez, estes agregados melhoram a infiltração da água, criando grandes espaços porosos ao longo dos limites entre os agregados.

Os agregados de grandes dimensões necessitam de mais energia para sofrerem erosão do que as partículas minerais individuais mais pequenas

Quando um solo tem poros grandes que aumentam a infiltração, menos água escorre pela superfície da terra.

Esta combinação de grandes agregados e boa infiltração torna um solo menos propenso à erosão do que solos semelhantes com fraca agregação e infiltração

Os agregados também melhoram o armazenamento de água e o arejamento do solo. Pequenos poros dentro dos agregados são capazes de reter água durante períodos moderadamente secos. No entanto, também é importante que os solos contenham oxigénio adequado para os processos respiratórios. Os poros grandes entre os agregados permitem uma drenagem rápida da água, seguida do movimento do ar para os poros grandes. Por conseguinte, uma boa agregação é essencial para alcançar um equilíbrio entre o teor de água e o teor de ar no solo.

A construção e manutenção de solos saudáveis é fundamental para a produtividade da terra a longo prazo, a proteção do ambiente e a promoção de comunidades saudáveis. As boas práticas de gestão podem melhorar o estado do solo, ao passo que as más práticas podem conduzir a uma degradação contínua dos nossos recursos de solo.

A resistência à penetração das raízes diminui geralmente com o aumento do teor de MOS porque as raízes são capazes de seguir canais ao longo dos limites dos agregados. Como a resistência à penetração é reduzida, o solo também se torna mais fácil de arar porque requer menos energia para puxar as alfaias de lavoura através do solo. Por conseguinte, a simples adição de materiais orgânicos a um solo pode conduzir a uma vasta gama de propriedades físicas melhoradas nesse solo.

2 O papel da matéria orgânica nas propriedades químicas do solo:

• Os nutrientes essenciais para as plantas são libertados durante a decomposição do MOS, incluindo o azoto, o fósforo, o enxofre, o potássio, o cálcio, o magnésio e outros, o que significa que o MOS é um fertilizante natural.

• A MOS continua a ser uma importante fonte natural de nutrientes essenciais para as plantas.

• O aumento da MOS complementa o fornecimento de nutrientes pelos fertilizantes químicos.

A taxa de decomposição da MOS é controlada por factores que estimulam os organismos do solo, ou seja, a temperatura e o teor de humidade do solo. Isto significa que a MOS normalmente se decompõe lentamente na primavera, quando a temperatura do solo é bastante fria e os micróbios do solo não estão particularmente activos, mas à medida que a estação de crescimento avança as temperaturas do solo aumentam, a atividade microbiológica do solo aumenta e a MOS decompõe-se mais rapidamente. Com o início das taxas de decomposição no verão, os fertilizantes químicos deixam de ser necessários em solos com elevada MOS.

• Por outras palavras, os solos com um teor orgânico adequado não necessitam de aplicações de fertilizantes químicos às mesmas taxas elevadas que os solos com teores orgânicos mais baixos. Isto significa que níveis elevados de MOS podem poupar nos custos dos fertilizantes e ajudar a evitar alguns dos problemas ambientais que podem surgir de níveis elevados de utilização de fertilizantes.

• Outras propriedades químicas importantes afectadas pela MOS são a capacidade de troca catiónica (CTC) e a capacidade tampão. O húmus na MOS tem uma CTC de aproximadamente 200-260 meq/100 g de solo, o que é elevado em comparação com a argila.

• Por conseguinte, o aumento dos níveis de MOS aumenta a CTC global do solo e aumenta a capacidade do solo para armazenar nutrientes essenciais sob a forma de catiões, tais como $NH4_+$, Ca_{+2}, Mg_{+2}, e K_+.

• Um CEC elevado torna a fertilização mais eficiente, uma vez que os nutrientes catiónicos que não são imediatamente utilizados pelas culturas podem ser armazenados no solo para utilização futura.

• A capacidade tampão dos solos é importante porque o pH do solo, que está diretamente ligado à saturação de bases, é importante para determinar a disponibilidade de nutrientes.

• A fertilização frequentemente acidifica ligeiramente a zona radicular, mas um solo com uma elevada capacidade tampão resiste a essa acidificação. Isto significa que os solos com uma elevada capacidade tampão são mais resistentes às alterações de pH devidas à gestão agrícola e têm menos probabilidades de acabar num intervalo de pH indesejável.

3. papel da matéria orgânica no suporte do ecossistema do solo:

O MOS tem um efeito profundo no número, tipo e diversidade de organismos no solo porque o MOS é a sua fonte de energia básica.

Sem uma quantidade suficiente de MOS, a rede alimentar do solo não está bem estabelecida e não se desenvolve um ecossistema de solo saudável.

A presença de um ecossistema deste tipo é particularmente importante para os agricultores porque inclui decompositores - organismos que decompõem os materiais orgânicos mortos.

Sem a ação dos decompositores, os nutrientes essenciais para as plantas não seriam libertados do MOS, **não se** formariam "**colas**" orgânicas **importantes para a estrutura do solo** e muitos dos importantes benefícios químicos e físicos do MOS não existiriam.

AGRICULTURA BIOLÓGICA:

A agricultura biológica tem definições gerais e legais. De um modo geral, a agricultura biológica refere-se a sistemas agrícolas que evitam a utilização de pesticidas e fertilizantes sintéticos. Nos Estados Unidos, a agricultura biológica é definida por regras estabelecidas pelo U.S. Department of Agriculture^ National Organic Standards Board (NOSB). Produção biológica: Um sistema de produção que é gerido de acordo com a Lei (The Organic Foods Production Act [OFPA] de 1990, conforme emendado no NOP) para responder às condições específicas do local, integrando práticas culturais, biológicas e mecânicas que fomentam o ciclo de recursos, promovem o equilíbrio ecológico e conservam a biodiversidade.il Além disso, é um sistema de agricultura que incentiva solos e culturas saudáveis através de práticas como a reciclagem de nutrientes e matéria orgânica, rotações de culturas, lavoura adequada e a prevenção rigorosa de fertilizantes e pesticidas sintéticos durante pelo menos três anos antes da certificação.

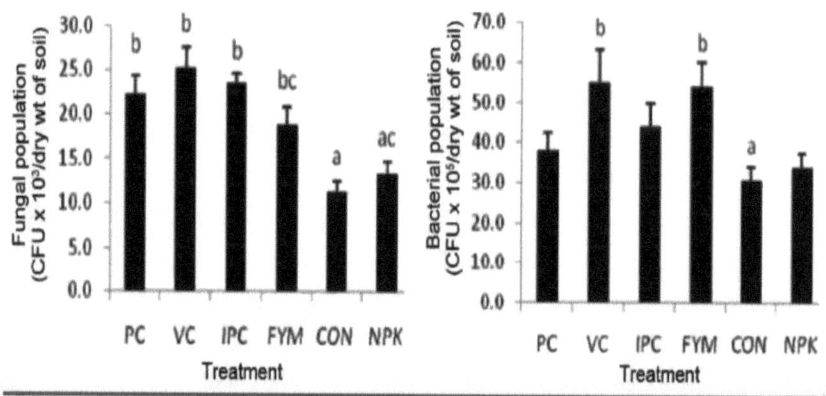

Efeito do tratamento com fertilizantes orgânicos e inorgânicos na comunidade microbiana da rizosfera (fungos e bactérias).

A média SE com a mesma letra no topo não difere significativamente, enquanto que letras diferentes no topo indicam significância

diferença de acordo com o teste de Tukey (ANOVA; P = 0,05). PC, Composto vegetal @ 15 t ha-1; VC, Vermicomposto @ 7,5 t ha-1;

IPC, composto vegetal integrado @5 t ha-1; FYM, esterco de curral @ 15 t ha-1; CON, controle, e NPK, na proporção 10: 30: 20 kg ha-1 na cultura da soja22.

Se estas práticas forem seguidas sistematicamente, o estado da matéria orgânica dos solos nas zonas de sequeiro pode ser melhorado a longo prazo e as funções gerais do solo (saúde do solo) podem ser significativamente melhoradas. Como resultado, o potencial de variedades/cultivares de alto rendimento de culturas disponíveis no país pode ser capitalizado e as barreiras de rendimento em culturas de sequeiro podem ser quebradas.

(Ch. SrinivasaRao, A. K. Indoria* e K. L. Sharma

ICAR-Central Research Institute for Dryland Agriculture, Hyderabad 500 059, Índia CURRENT SCIENCE, VOL. 112, NO. 1498 7, 10 DE ABRIL DE 2017) **Requisitos para a certificação orgânica no âmbito do Programa Orgânico Nacional:** i. Plano de Sistema Orgânico: O NOP exige que todas as culturas, culturas silvestres, gado e operações de manuseamento que requerem certificação apresentem um plano de sistema orgânico ao seu agente certificador e, quando aplicável, ao programa orgânico do Estado (SOP).

ii. O plano do sistema biológico é uma descrição pormenorizada da forma como uma operação irá alcançar, documentar e manter a conformidade com todas as disposições aplicáveis do OFPA/NOP.

iii. O agente de certificação deve concordar que o plano do sistema orgânico proposto cumpre os requisitos. O plano do sistema orgânico é o fórum através do qual o produtor ou manipulador e o agente certificador colaboram para definir, numa base específica do local, a forma de alcançar e documentar a conformidade com os requisitos da certificação orgânica.

[B] CULTIVO DO SOLO (LAVOURA) NA AGRICULTURA SUSTENTÁVEL:

1. Cultivar é trabalhar fisicamente o solo para preparar a cama das sementes ou controlar as ervas daninhas, utilizando ferramentas manuais ou alfaias mecânicas. É sinónimo de lavoura.

• A mobilização adequada do solo estimula a decomposição da MOS, quebrando as áreas compactadas e os grandes torrões de terra, aumentando assim o arejamento (fornecimento de O2 aos micróbios aeróbios) e expondo uma maior superfície para a decomposição microbiana. A mobilização do solo, efectuada em tempo adequado, aumenta também a infiltração da água e a boa drenagem.

• A irrigação deve ser gerida cuidadosamente para evitar o escoamento, a erosão e a lixiviação de nutrientes solúveis. Para as culturas dependentes da irrigação, a humidade do solo entre 50% e 100% da capacidade de campo deve ser mantida através da monitorização da humidade do solo e de técnicas de retenção de humidade, como a cobertura morta.

• Mantém a humidade do solo dentro dos limites ideais para o crescimento das plantas e para evitar a compactação e a erosão.

• Utilização de práticas preventivas adequadas (por exemplo, a criação de espaços verdes) e de práticas activas de biocontrolo para suprimir o crescimento das populações de pragas.

• A lavoura excessiva reduz a agregação do solo, resultando em crostas e compactação e também, por vezes, estimulando a comunidade microbiana que queima a matéria orgânica muito rapidamente. A redução da intensidade da lavoura melhorará a saúde do solo e, consequentemente, reduzirá o custo de produção.

Podem também ser alternados diferentes tipos de lavoura, dependendo dos objectivos e preocupações da gestão do solo.

2. Serviços prestados pela lavoura

a) Prepara o solo para as sementes ou para os transplantes, melhorando o arejamento do solo e desfazendo os torrões de terra

b) Incorpora resíduos de culturas ou de culturas de cobertura, ajudando a tornar o carbono e os macronutrientes, especialmente o azoto, disponíveis para os micróbios do solo

c) Permite a incorporação de corretivos como o composto e a cal

d) Permite que o solo seque mais rapidamente

e) Permite que o solo aqueça mais rapidamente

f) Aumenta a atividade microbiana e as taxas de mineralização a curto prazo

g) A lavoura profunda pode romper as camadas compactadas que constituem uma barreira ao crescimento das raízes e ao movimento da água

h) Controla as ervas daninhas através do enterramento ou exposição de sementes ou plântulas

i) Controla os insectos que passam o inverno por exposição à superfície

3. Desvantagens da lavoura

a) Pode acelerar a taxa e a extensão dos declínios a longo prazo da matéria orgânica do solo

b) Pode aumentar os problemas de compactação do subsolo e impedir a drenagem e o crescimento das raízes

c) Tem custos elevados de energia e de mão de obra

d) A perda de matéria orgânica do solo (MOS) resultante de uma lavoura excessiva pode levar à formação de crostas em solos nus, impedindo a emergência de plântulas e a infiltração de água

4. Vantagens dos sistemas de lavoura de conservação

a) A cobertura de resíduos na superfície do solo protege-o da erosão eólica e hídrica

b) Aumenta a retenção de humidade

c) Aumenta a MOS ao longo do tempo (anos), atingindo um estado estável mais elevado! do que os sistemas lavrados no mesmo ambiente

5. Limitações dos sistemas de lavoura de conservação

a) A cobertura de resíduos reduz a temperatura do solo, o que atrasa a germinação das sementes e o crescimento das plântulas, podendo colocar o agricultor em desvantagem económica

b) O controlo das ervas daninhas é muito difícil sem a utilização de herbicidas

c) A lavoura de conservação requer equipamento especializado, como semeadores de plantio direto para a semeadura

d) Nalguns sistemas, foi demonstrado um aumento da lixiviação de nutrientes e herbicidas para as águas subterrâneas após anos de agricultura de plantio direto ou reduzido

[C] CULTURAS DE COBERTURA NA AGRICULTURA SUSTENTÁVEL

As culturas de cobertura ajudam sobretudo na -

- **Supressão de ervas daninhas**
- **Supressão do agente patogénico**
- **Prevenção da erosão do solo**
- **Adição de matéria orgânica ao solo**

    A maior parte das vezes, são de 3 tipos, ou seja

- **CULTURAS DE COBERTURA DE VERÃO (Uma cultura de cobertura de crescimento rápido geralmente cultivada entre duas rotações de culturas hortícolas de verão. Nas culturas de estação curta, a cultura de cobertura é geralmente intercalada após o estabelecimento da cultura principal. É importante minimizar a competição entre a cultura principal e a cultura de cobertura por água e nutrientes)**

- **CULTURAS DE COBERTURA DE LONGA TEMPORADA (A cultura de cobertura actua como uma cultura de rotação. É utilizada principalmente em solos pouco férteis, onde o acesso a adubo orgânico é muito reduzido. Demora muito tempo a estabelecer-se, mas acrescenta muita biomassa orgânica aos solos).**

- **CULTURAS DE COBERTURA DE INVERNO (centeio de inverno, trigo, aveia, trevo vermelho, etc., cultivados no final do verão, tipicamente após a colheita de uma cultura de cobertura, adoptada principalmente nas regiões do nordeste da Índia)**

1. Serviços prestados pelas culturas de cobertura

a) As culturas de cobertura aumentam a disponibilidade de nutrientes

i. As bactérias Rhizobium, em associação com culturas de cobertura de leguminosas, são capazes de converter o azoto atmosférico livremente disponível (N2) numa forma utilizável pelas plantas (NH3). As leguminosas absorvem o NH3 e utilizam-no para o seu crescimento e reprodução.

ii. As culturas de cobertura de gramíneas/cereais, quando utilizadas isoladamente ou com culturas de cobertura de leguminosas fixadoras de N, podem reduzir as perdas de nutrientes capturando nutrientes móveis (por exemplo, NO3-) que, de outro modo, seriam vulneráveis à lixiviação ou à perda através da erosão do solo

iii. Depois de as culturas de cobertura serem ceifadas e incorporadas no final da estação, os resíduos das plantas fixadoras e captadoras de N são decompostos pelos organismos do solo, libertando os nutrientes das culturas de cobertura na solução do solo para utilização pelas plantas.

iv. Como fonte de carbono lábil, as culturas de cobertura podem estimular a atividade microbiana e aumentar a decomposição da matéria orgânica existente. As culturas de cobertura são uma fonte de carbono lábil (C) no ecossistema do solo e, como tal, têm uma série de efeitos potenciais. O C lábil derivado das plantas pode afetar a mineralização da MOS (chamado efeito de primingll), que pode libertar CO2 atmosférico da MOS e permitir a mineralização de N da MOS, disponibilizando às plantas os nutrientes armazenados. No entanto, o grau em que isto acontece depende do solo específico e de outros factores de interação.

v. As culturas de cobertura enraizadas em profundidade são capazes de reciclar os nutrientes adquiridos em zonas mais profundas do perfil do solo (por exemplo, o fósforo), actuando essencialmente como "bombas" de nutrientes b) As culturas de cobertura melhoram as propriedades físicas do solo: O ciclo do carbono e dos nutrientes através da utilização de culturas de cobertura resulta em melhorias a curto prazo das propriedades físicas do solo **2. Influências na libertação de nutrientes das culturas de cobertura**

a) A decomposição das culturas de cobertura no solo começa com os consumidores primários que consomem os resíduos das culturas de cobertura. Estes incluem grandes invertebrados, como minhocas, milípedes, percevejos e lesmas. À medida que os grandes organismos consomem os materiais vegetais, trituram-nos, criando uma maior área de superfície para os invertebrados microscópicos, como os nemátodos, e os micróbios, como as bactérias e os fungos, continuarem o processo de decomposição.

b) As condições de temperatura e humidade afectam o nível de atividade microbiana (menor bioatividade a temperaturas mais baixas e em condições de seca ou de alagamento)

c) Localização do resíduo: Os resíduos podem ser deixados à superfície do solo (como na lavoura de conservação) ou incorporados no solo

i. Incorporação nas 6-8 polegadas superiores do solo: Com humidade adequada, decompõe-se mais rapidamente devido aos elevados níveis de oxigénio e às grandes populações de organismos em decomposição

ii. Deixar resíduos de culturas de cobertura na superfície do solo: A decomposição será mais lenta devido à secagem. No entanto, em alguns sistemas e sob certas condições (especialmente temperaturas quentes e humidade adequada), os organismos do solo podem mover os resíduos superficiais para baixo do solo, facilitando a decomposição.

iv. Abaixo de 6-8 polegadas: Pode decompor-se mais lentamente devido a níveis mais baixos de oxigénio e a um menor número de organismos decompositores

d) Composição dos resíduos de culturas de cobertura

i. A relação carbono/nitrogénio (C:N) dos resíduos de culturas de cobertura tem uma ligação estreita com a mineralização do N. Uma maior biomassa de cereais produz um C:N mais elevado, enquanto uma biomassa mais pesada de leguminosas produz um C:N mais baixo. Os micróbios precisam tanto de C como de N, o C dos hidratos de carbono para a combustão energética e o N para a construção dos aminoácidos necessários à manutenção e reprodução. A quantidade relativa de C e N disponível para os micróbios determina o tamanho da reserva de nitrato mineralizado no solo.

Rácios C:N de 20:1 ou menos resultam numa mineralização líquida de N. O nitrato é libertado para a solução do solo e fica assim disponível para absorção ou lixiviação pelas plantas.

- Rácios de C:N superiores a 30:1 resultam na imobilização líquida de N. O azoto está ligado a formas orgânicas e não está disponível para ser absorvido pelas plantas. Se este estado for prolongado, podem ocorrer deficiências de nutrientes.

ii. A presença de lenhinas e taninos nos resíduos de culturas de cobertura abranda a taxa de decomposição. As lenhinas e os taninos são compostos orgânicos produzidos pelas plantas e têm um elevado teor de C:N.

3. O momento da libertação de nutrientes, a procura das culturas e o destino dos nutrientes essenciais para as plantas

a) De um modo geral, os agricultores devem tentar gerir o momento da libertação de nutrientes das culturas de cobertura de modo a coincidir com a procura das culturas

b) Os nutrientes (particularmente o N sob a forma de nitrato) podem tornar-se vulneráveis à perda se o momento for desadequado c) Se o momento for desadequado, podem ocorrer deficiências de nutrientes (especialmente N) durante as fases-chave do ciclo de crescimento, levando a uma redução dos rendimentos. Isto é especialmente verdade no caso de culturas de estação mais longa, por exemplo, pimentos e tomates.

[D) CULTURAS DE ADUBO VERDE:

• As culturas de adubo verde são as que têm por objetivo melhorar a fertilidade do solo através da diversidade microbiana e da matéria orgânica.

• Quando incorporados, os adubos verdes acrescentam ao solo uma grande quantidade de material fresco e facilmente decomponível, o que alimenta a comunidade microbiana do solo.

• Por sua vez, as exsudações microbianas ajudam na estabilidade dos agregados e no aumento da infiltração de água.

[E] RESÍDUOS DE COLHEITAS:

• Os resíduos de culturas são outra fonte importante de matéria orgânica. À medida que se decompõe, a matéria orgânica volta para o solo e melhora a sua fertilidade. Também melhoram a agregação do solo e protegem-no da erosão, reduzindo assim a formação de crostas e a compactação do solo.

• A rotação de culturas com culturas não hospedeiras de diferentes famílias ajudará a diminuir o inóculo do agente patogénico.

• A remoção e a compostagem dos restos de culturas, seguida da sua incorporação no solo, acelera o processo de decomposição.

[F] ROTAÇÃO E SEQUENCIAÇÃO DE CULTURAS NUMA AGRICULTURA SUSTENTÁVEL

1. Rotação de **culturas** - Definição de rotação de culturas: O movimento das culturas de um local para outro na exploração agrícola numa sequência planeada b) Fundamentação da rotação de culturas: Interrompe os ciclos praga-hospedeiro e evita a acumulação de pragas, ervas daninhas e agentes patogénicos. A rotação também permite que as culturas acedam a nutrientes de diferentes profundidades do solo, com base nas suas caraterísticas de enraizamento. A integração de culturas de cobertura e de períodos de pousio nas rotações ajuda a criar matéria orgânica no solo e a melhorar a agregação.

• **Cultivar a mesma cultura anual apenas durante um ano**, se possível, para diminuir o **risco de insectos, doenças e nemátodos se tornarem um problema.**

• **Não siga uma cultura com outra espécie estreitamente relacionada**, uma vez que os problemas com insectos, doenças e nemátodos são frequentemente partilhados por membros de culturas estreitamente relacionadas.

• Utilizar sequências de culturas que promovam culturas mais saudáveis - Algumas culturas parecem ter um bom desempenho após uma cultura específica (por exemplo, culturas da família das couves após cebolas ou batatas após milho). Outras sequências de culturas podem ter efeitos adversos, como quando as batatas têm mais sarna a seguir às ervilhas ou à aveia.

- Seguir uma cultura de leguminosas forrageiras, como o trevo ou a luzerna, com uma cultura altamente exigente em azoto, como o milho, para tirar partido do fornecimento de azoto.

- Cultivar culturas menos exigentes em azoto, como a aveia, a cevada ou o trigo, no segundo ou terceiro ano após a sementeira de leguminosas.

- Utilizar sequências de culturas que ajudem a controlar as ervas daninhasOs pequenos cereais competem fortemente com as ervas daninhas e podem inibir a germinação de sementes de ervas daninhas, as culturas em linha permitem o cultivo a meio da estação e as culturas de relva que são ceifadas regularmente ou são intensivamente pastoreadas ajudam a controlar as ervas daninhas anuais.

- Utilizar períodos mais longos de culturas perenes, tais como forragens, em terrenos inclinados, solos altamente erodíveis, ou solos onde é necessária uma lavoura intensiva para estabelecer culturas anuais. A utilização de boas práticas de conservação, como o plantio direto, o cultivo extensivo de cobertura ou o cultivo em faixas (uma prática que combina os benefícios das rotações e do controlo da erosão), pode diminuir a necessidade de cultivar plantas perenes.

- Cultivar uma cultura de raízes profundas ou uma cultura de cobertura, como alfafa, cártamo, girassol, sorgo, erva do Sudão ou rabanete, como parte da rotação. Estas culturas limpam o subsolo em busca de nutrientes e água. Os canais deixados pelas raízes em decomposição podem promover a infiltração de água e o acesso à água e nutrientes do subsolo pelas culturas seguintes.

- Cultive algumas culturas que deixarão uma quantidade significativa de resíduos, como sorgo ou milho colhido para grão, para ajudar a manter os níveis de matéria orgânica.

2. Considerações sobre a rotação e a sequência

- a) Tentar evitar a plantação repetida de espécies de culturas que estejam sujeitas a pragas, doenças e pressões de infestantes semelhantes nos mesmos canteiros. Faça a rotação com diferentes culturas para remover os hospedeiros e quebrar os ciclos de pragas.

- i. Exemplo: Rotação de Solanáceas. É prática comum mudar a localização das culturas da família Solanaceae todos os anos. Dado que estas culturas (tomate, beringela, pimento, batata, etc.) partilham pragas e agentes patogénicos comuns, o cultivo repetido no mesmo local pode levar à acumulação de populações de pragas.

• b) Rotação de culturas para maximizar a utilização de nutrientes e distribuir a procura de nutrientes no solo i. Exemplos de rotações de culturas plurianuais

• c) Rotação de culturas com vários tipos de sistemas radiculares para melhorar a saúde e a estrutura do solo. Por exemplo, as culturas com raízes axiais promovem a infiltração da água; as culturas com raízes fibrosas ajudam a manter os níveis de matéria orgânica do solo.

• d) Incorporar períodos de pousio e rotações de culturas de cobertura perenes. Os períodos de pousio - áreas intencionalmente deixadas sem cultivo e plantadas com culturas de cobertura perenes - permitem que o solo permaneça sem perturbações e que os processos de agregação prossigam sem interrupções. Isto pode ajudar a restaurar os componentes físicos desejados da saúde do solo

• 3. As rotações de culturas e as sequências dentro da estação são específicas da exploração e dependem da diversidade das culturas cultivadas, bem como de factores como a localização da exploração, os tipos de solo, o clima e os factores económicos.

[G] COMPOSTOS E ESTRUMES ANIMAIS NA FERTILIDADE DA AGRICULTURA SUSTENTÁVEL:
CONSIDERAÇÕES SOBRE A ALTERAÇÃO ORGÂNICA

• A matéria orgânica é fundamental para a manutenção de comunidades biológicas do solo equilibradas, uma vez que estas são em grande parte responsáveis pela manutenção da estrutura do solo, pelo aumento da infiltração de água e pela capacidade do solo para armazenar e libertar água e nutrientes para utilização pelas culturas. A matéria orgânica pode ser mantida melhor reduzindo a lavoura e outras perturbações do solo, e aumentada melhorando as rotações e cultivando culturas de cobertura, como já foi referido.

• Os materiais orgânicos também podem ser adicionados através da correção do solo com compostos, estrume animal e resíduos de culturas ou de culturas de cobertura importados para o campo a partir de outros locais.

• A adição de corretivos orgânicos é particularmente importante na produção de produtos hortícolas, em que os resíduos de culturas são devolvidos ao solo em quantidades mínimas, em que se utiliza geralmente uma lavoura mais intensiva e em que a terra é mais frequentemente um fator limitante, o que torna mais difícil a utilização de culturas de cobertura. Vários aditivos orgânicos podem afetar as propriedades físicas, químicas e biológicas do solo de forma bastante diferente, pelo que as decisões devem basear-se nas limitações identificadas e nos objectivos de gestão da saúde do solo. As alterações orgânicas derivadas de resíduos orgânicos devem ser testadas não só em termos de nutrientes, mas também de contaminantes como os metais pesados.

Estrume animal

• A aplicação de estrume pode ter muitos benefícios para a saúde do solo e das culturas, tais como o aumento dos níveis de nutrientes (azoto, fósforo e potássio, em particular, mas também micronutrientes), bem como o carbono facilmente disponível que beneficiará a comunidade microbiana do solo.

• No entanto, nem todos os estrumes são iguais. Os teores de nutrientes e de carbono do estrume variam consoante o animal, a alimentação, a cama e as práticas de armazenamento do estrume. O estrume com muito material de cama é normalmente aplicado como sólido, enquanto o estrume com um mínimo de material de cama é aplicado como líquido. Os sólidos e os líquidos do estrume podem ser separados e os sólidos podem também ser compostados antes da aplicação para ajudar a estabilizar os nutrientes, especialmente o azoto. Devido à variabilidade do teor de nutrientes, a análise do estrume é benéfica e elimina as dúvidas quanto à estimativa do teor e das caraterísticas dos nutrientes do estrume.

• A adubação do solo pode aumentar a matéria orgânica total do solo, a capacidade de troca catiónica e a capacidade de retenção de água ao longo do tempo, e o estrume fresco não compostado, especialmente quando sólido, é muito eficaz para aumentar a agregação do solo. Deve prestar-se uma atenção especial ao momento e ao método de aplicação, de modo a satisfazer as necessidades da cultura ou da sequência de culturas. Uma aplicação excessiva ou inoportuna pode causar danos nas plantas ou no solo, problemas com agentes patogénicos alimentares ou degradação dos recursos hídricos.

COMPOSTO

Ao contrário do estrume, o composto é muito estável e geralmente não é uma fonte de azoto facilmente disponível, mas é importante reconhecer que o fósforo permanece altamente disponível. O processo de compostagem utiliza o calor e a atividade microbiana para decompor rapidamente compostos simples, como os açúcares e as proteínas, deixando para trás compostos complexos mais estáveis, como a lenhina e os materiais húmicos. Os produtos estáveis da compostagem são uma importante fonte de matéria orgânica. A adição de composto aumenta a capacidade de retenção de água disponível, melhorando o teor de matéria orgânica e o espaço poroso que retém a água.

Também melhora as capacidades de troca catiónica e aniónica e, por conseguinte, a capacidade de armazenamento e libertação de nutrientes para utilização pelas plantas. O composto é menos eficaz na construção - já foi decomposto, e é o processo microbiano de decomposição que ajuda a construir agregados. Os compostos diferem na sua eficiência para suprimir várias pragas das culturas, embora possam, por vezes, ser bastante eficazes.

• O composto não deve ser utilizado isoladamente para satisfazer as necessidades de azoto das culturas, uma vez que tal resultará numa aplicação excessiva de fósforo, podendo assim aumentar o risco ambiental. Os compostos produzidos corretamente são seguros para utilização em culturas alimentares humanas no que diz respeito a agentes patogénicos.

1. Tanto o composto como o estrume animal são fontes de matéria orgânica para o ecossistema do solo e proporcionam benefícios para o solo, incluindo:

a) Nutrientes para as culturas

b) Aumento do teor de matéria orgânica do solo

c) Aumento da capacidade de troca catiónica do solo (CEC)

d) Habitat e alimento para os micróbios benéficos do solo

e) Aumento dos agregados do solo

2. Aplicação de composto

a) Taxas de aplicação anual comuns: ~4-5 toneladas/acre/ano à escala do campo; 10 12 toneladas/acre/ano à escala da horta (dependendo da cultura)

b) A contribuição de nutrientes (N:P:K) do composto varia muito, dependendo das matérias-primas do composto, e durante quanto tempo e em que condições foi amadurecido. Verifique com o fornecedor ou mande fazer uma avaliação dos nutrientes do composto para determinar os níveis e as proporções dos nutrientes.

c) Composto C:N: O composto com C:N inferior a 20:1 pode fornecer N para a cultura seguinte, mas o composto com C:N superior a 20:1 pode imobilizar o N, tornando-o menos disponível para a cultura. Isso depende muito das matérias-primas, bem como do composto[4] s maturidade.

Também neste caso, é necessário verificar com o fornecedor ou efetuar uma avaliação dos nutrientes do composto.

d) Momento de aplicação: Idealmente, a libertação de nutrientes deve coincidir com a procura das culturas. No entanto, isto é difícil de controlar nos sistemas orgânicos porque é um processo biológico, dependente da decomposição da matéria orgânica pelos micróbios.

i. O composto é geralmente aplicado no início da estação ou aquando da plantação de novas culturas durante a estação de crescimento

ii. O composto pode ser aplicado a meio da estação como adubo de cobertura (aplicado adjacente ou entre linhas de culturas em crescimento), embora tenha de ser incorporado na superfície do solo

iii. Dependendo da qualidade do composto, particularmente do C:N, pode ser uma fonte ineficiente de N a curto prazo

v. A libertação de N pode durar de 6 semanas a vários meses após a incorporação, dependendo do C:N, das caraterísticas do solo e das condições ambientais (por exemplo, clima). Até 10-15% do N do composto é libertado no primeiro ano.

3. Outras considerações sobre a utilização do composto

a) Requisitos para a produção de composto na exploração agrícola . A viabilidade da produção de composto na exploração agrícola (versus a compra de composto ini de uma fonte comercial) depende da escala da exploração agrícola ou da horta e da mão de obra e economia globais da operação.

i. Mão de obra e conhecimentos: A produção de composto nas explorações agrícolas requer mão de obra e conhecimentos das técnicas de produção de composto para construir e monitorizar os montes de composto

ii. Equipamento e água: A produção de composto na exploração agrícola requer equipamento adequado para a construção e revolvimento dos montes e uma fonte de água

iii. Normas do Programa Orgânico Nacional (NOP) para a produção de composto nas explorações agrícolas: O NOP tem normas rigorosas para a produção e utilização de composto, por exemplo, o número de dias em que o composto é mantido a uma determinada temperatura durante o processo inicial de compostagem. Consultar a nossa agência de certificação ou consultar o sítio Web do NOP. b) Requisitos para a compra de composto fora da exploração

i. Disponibilidade local/regional

ii. Variabilidade da qualidade

iii. Preço

iv. Custos de envio ou de entrega

v. Armazenamento, se comprado em grandes quantidades

4. Aplicação de estrume

a) Estrume compostado versus estrume não compostado: Embora o estrume compostado proporcione os benefícios do composto acima descritos, o estrume fresco ou não compostado pode apresentar vários problemas:

i. Níveis elevados de amónio podem resultar em queimaduras de azoto nas plantas

ii. Níveis elevados de amónio e/ou nitrato podem provocar um rápido crescimento da população de micróbios do solo e a subsequente imobilização de N

iii. As sementes não digeridas dos animais[4] alimentação (por exemplo, feno) ou pastagem podem introduzir ervas daninhas

iv. O azoto é facilmente lixiviado se o estrume armazenado for exposto à chuva ou se o estrume for incorporado no solo pouco tempo antes de ocorrer uma precipitação significativa (suficiente para deslocar o nitrato e o amónio disponíveis para baixo da zona radicular). Este facto contribui para a poluição da água e reduz a quantidade de N que estaria disponível para as plantas mais tarde. v. No estrume fresco podem estar presentes agentes patogénicos como a E. coli e outros organismos causadores de doenças. O Programa Orgânico Nacional inclui diretrizes sobre a utilização de estrume fresco para evitar a contaminação dos alimentos.

vi. A compostagem do estrume também ajuda a resolver estes problemas

b) As restrições à utilização de estrume estão incluídas nas Normas Nacionais Biológicas de 2002

c) A contribuição de nutrientes (N:P:K) dos estrumes frescos é variável.

[H] <u>AVALIAÇÃO DA FERTILIDADE DO SOLO E RECOMENDAÇÕES DE NUTRIENTES:</u>

• Inclui vários métodos para determinar o estado de fertilidade disponível do solo.

Os vários métodos utilizados são: sintomas visuais da planta, teste rápido do tecido, teste biológico e teste do solo

• a) Análise do solo com monitorização periódica - A análise do solo fornece informações quantitativas actuais sobre o perfil de nutrientes de um determinado solo. Os dados dos relatórios de análise do solo devem ser comparados com os parâmetros de referência óptimos estabelecidos para a fertilidade do solo ao desenvolver planos de correção do solo para garantir aplicações de nutrientes adequadas, mas não excessivas. A comparação dos resultados de vários anos de amostragem mostrará se estamos a esgotar ou a acumular nutrientes no solo ao longo do tempo e indicará se são necessárias alterações na gestão da fertilidade.

• Temos de fornecer um fornecimento equilibrado de nutrientes para a cultura. Como o crescimento das plantas está relacionado com a disponibilidade do nutriente mais limitante, é essencial considerar o equilíbrio (rácios) dos nutrientes disponíveis no solo. O rendimento e a qualidade podem ser limitados se os níveis de alguns nutrientes forem demasiado elevados e outros demasiado baixos

• b) Realizar testes de tecidos vegetais - Os testes de tecidos vegetais durante a estação fornecem dados quantitativos actuais sobre o perfil de nutrientes das plantas em crescimento. Esses dados podem ser comparados com os níveis recomendados de nutrientes e podem ser utilizados para determinar a necessidade de fertilização suplementar a meio da época.

• c) Em geral, manter os campos cobertos com uma cultura, uma cultura de cobertura ou uma cobertura morta. Evitar deixar os campos a descoberto para evitar a erosão eólica e hídrica e a lixiviação de nutrientes. Permitir tempo suficiente para que os resíduos frescos se decomponham antes da plantação das culturas & Utilizar fertilizantes suplementares durante a estação (quando sugerido como necessário pelos resultados dos testes do solo, observações do crescimento das plantas ou testes dos tecidos vegetais) para prevenir ou resolver as deficiências de nutrientes das plantas

Uma vez que a quantidade de nutrientes presentes nos adubos orgânicos volumosos nem sempre é suficiente para fornecer nutrientes para uma produtividade óptima das culturas, recomenda-se a integração de fontes orgânicas e não orgânicas de nutrientes para obter um rendimento sustentável e rentável.

[I] OPTIMIZAR O MOMENTO E A QUANTIDADE APLICADA, E DIVIDIR AS APLICAÇÕES DE FERTILIZANTES

Pode reduzir significativamente as emissões e melhorar as margens de lucro.

O calendário e a quantidade devem basear-se na procura das culturas, nas medidas de saúde do solo e nas novas ferramentas e aplicações de decisão baseadas na Web que têm em conta os efeitos meteorológicos em tempo real (por exemplo, temperatura do solo, humidade, precipitação) no azoto disponível.

As fontes orgânicas de azoto, como as culturas de rotação de leguminosas, os estrumes e os compostos, libertarão o azoto mais lentamente e= spoon feed[1] a cultura. No caso dos adubos azotados, utilizam-se geralmente adubos azotados de libertação lenta, adubos azotados pouco solúveis, inibidores da uriase e inibidores da nitrificação para minimizar as perdas por lixiviação e outras perdas dos diferentes adubos.

• O fósforo é necessário para o enraizamento, o metabolismo do ATP, a resistência às doenças, a floração, a frutificação, o desenvolvimento do açúcar e a transferência de energia nas plantas. As fontes orgânicas incluem farinha de ossos, farinha de conchas de ostras e fosfato coloidal de rocha.

• Uma vez adicionado ao solo, o fósforo é relativamente imóvel, ou seja, não é facilmente lixiviado para baixo como o azoto. Mas é rapidamente "bloqueado" pelo alumínio, ferro e cálcio no solo, ficando assim indisponível para o crescimento das plantas.

A Como gestor biológico do solo, podemos cultivar culturas concentradoras de fósforo, como as brássicas, as leguminosas e as cucurbitáceas, e depois utilizá-las como composto ou como adubo verde, para que o fósforo das suas partes vegetais seja incorporado na fração orgânica do solo, onde ficará disponível para as culturas.

• Outra estratégia é adicionar um pó de fosfato de rocha coloidal às camadas de estrume numa pilha de composto. As bactérias nitrificantes proliferam no estrume e também consomem e imobilizam o fósforo, depois "cedem-no" quando morrem e se decompõem. Mais uma vez, fica disponível na fração de matéria orgânica do solo quando o composto acabado é aplicado.

GESTÃO DA SAÚDE DO SOLO PARA O CARBONO

SEQUESTRAÇÃO: captura e armazenamento de carbono nos solos

• Muitas das práticas para aumentar a matéria orgânica do solo e melhorar a saúde do solo também aumentam o carbono do solo (uma vez que a matéria orgânica é maioritariamente carbono). Este carbono armazenado (~sequestrado~) no solo é carbono que, de outra forma, estaria no ar como gás de estufa, o dióxido de carbono (CO_2).

GESTÃO DA SAÚDE DO SOLO PARA EVITAR EMISSÕES DE ÓXIDO DE NITROGÉNIO

• O óxido nitroso (N2O) é cerca de 300 vezes mais potente no seu potencial de aquecimento global do que o CO2, numa base molécula a molécula.

• **A melhoria da drenagem do solo** reduzirá a desnitrificação e as perdas de azoto (bem como as perdas de CH4) dos solos encharcados, e um maior armazenamento de água reduzirá o risco de perda de azoto aplicado no ambiente após a perda de uma cultura devido à seca.

Isto também reduz os custos para a exploração agrícola

[J] OS EFEITOS SOCIO-AMBIENTAIS GLOBAIS DA EROSÃO DOS SOLOS :

A erosão do solo é o processo natural de desprendimento e movimento do solo superficial pela água ou pelo vento, e tem ocorrido simultaneamente com a formação do solo na Terra desde há milénios. Nos ecossistemas naturais, a formação do solo a partir da matéria vegetal e animal em decomposição ocorre em equilíbrio com a taxa de erosão, mantendo a saúde e a fertilidade globais do solo e evitando uma perda líquida de solo superficial. No entanto, nos últimos séculos, as actividades humanas aumentaram a taxa de erosão do solo, ultrapassando atualmente a formação do solo em 10 vezes nos EUA e 40 vezes na China e na Índia.

i Nos últimos 40 anos, 30% das terras aráveis do mundo tornaram-se improdutivas e 10 milhões de hectares (cerca de 25 milhões de acres) são perdidos todos os anos devido à erosão. Além disso, a erosão acelerada diminui a qualidade do solo, reduzindo assim a produtividade dos ecossistemas naturais, agrícolas e florestais.

• São precisos cerca de 500 anos para formar uma polegada de solo superficial. Esta taxa alarmante de erosão nos tempos modernos é motivo de preocupação para o futuro da agricultura.

• Este suplemento explora as principais causas da erosão do solo e os impactos sociais que esta tem nas comunidades, sublinhando a importância das práticas agrícolas que previnem ou minimizam a erosão.

• As causas antropogénicas da erosão acelerada do solo são numerosas e variam a nível mundial. A agricultura industrial, juntamente com o sobrepastoreio, tem sido o fator que mais contribui para este fenómeno, com a desflorestação e o desenvolvimento urbano a surgirem logo a seguir.

• A lavoura pesada, as rotações em pousio, as monoculturas e a produção em terras marginais são caraterísticas da agricultura convencional, tal como é praticada de forma variável em todo o mundo, e incentivam significativamente a erosão acelerada do solo.

• A lavoura repetida com maquinaria pesada destrói a estrutura do solo, pulverizando as partículas do solo em pó que é facilmente varrido pelo vento ou pelo escoamento da água.

• As rotações em pousio, comuns nas culturas de rendimento em todo o mundo e subsidiadas na produção de biocombustíveis nos EUA, deixam a terra vulnerável à força total das rajadas de vento e das gotas de chuva.

• As monoculturas tendem a ser plantadas em linhas, expondo o solo entre elas à erosão, e estão normalmente associadas a rotações em pousio.

• Cada vez mais terras marginais, terras íngremes e particularmente susceptíveis à erosão hídrica, estão a ser plantadas por agricultores atraídos por preços de colheitas mais elevados ou forçados pela perda de produtividade em terras mais planas, mas já erodidas.

• Numa teia alimentar global cada vez mais complexa, causas de erosão aparentemente separadas começam a influenciar-se mutuamente, ampliando os seus efeitos.

Dicas para o fecho:

• - Cultivar de forma judiciosa e hábil.

• *A* Adicionar matéria orgânica, pelo menos uma vez por ano, sob a forma de composto ou de adubos verdes de cobertura

culturas

• - Não aplicar água em excesso, pois a água lixivia os nutrientes e quando aplicada em excesso

através da irrigação por aspersão ou por sulcos pode danificar a estrutura do solo e reduzir a capacidade aeróbica (de retenção de ar) de um solo

• - Proteger a superfície do solo, quer com uma cobertura vegetal viva (culturas de cobertura), quer com palha, aparas, etc.

• Minimizar a compactação do solo e utilizar os resultados dos dados dos testes laboratoriais do solo para desenvolver um plano de gestão da fertilidade. Em seguida, monitorizar o solo através de testes periódicos a cada 1-3 anos para verificar se o plano está a funcionar.

CAPÍTULO 12

ETAPAS DE UM PROGRAMA DE GESTÃO DO SOLO

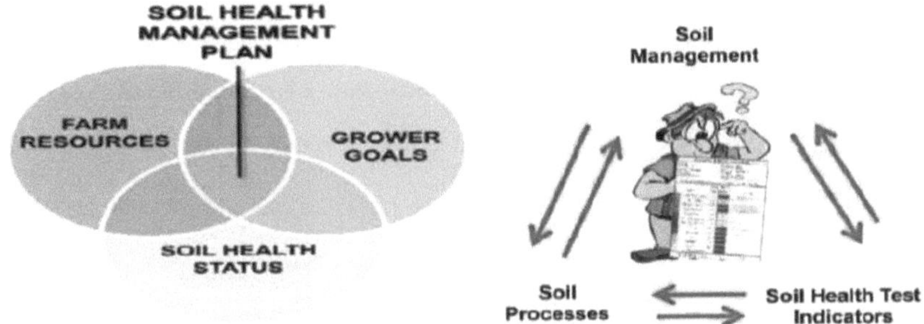

1. Determinar os antecedentes e o historial de gestão da exploração:

Compilar informações de base: historial por unidade de gestão, tipo de exploração agrícola, equipamento, acesso a recursos, oportunidades ou limitações situacionais.

2. Definir objectivos e amostras para a saúde do solo

Determinar os objectivos e decidir sobre o número e a distribuição das amostras de saúde do solo, de acordo com os antecedentes e os objectivos da operação

3. Para cada unidade de gestão: identificar e explicar os condicionalismos, estabelecer prioridades

4. Identificar opções de gestão viáveis

5. Criar um plano de gestão da saúde do solo a curto e longo prazo:

Criar um calendário específico de práticas de gestão a curto prazo para cada unidade de gestão e uma estratégia global a longo prazo.

6. Implementar, monitorizar e adaptar:

Implementar e documentar práticas de gestão. Monitorizar o progresso, repetir os testes e avaliar os resultados. Adaptar o plano com base na experiência e nos dados ao longo do tempo. Lembre-se que a saúde do solo muda lentamente.

CAPÍTULO 13

<u>NOVAS ABORDAGENS PARA MELHORAR A QUALIDADE DO SOLO</u>

1. GESTÃO INTEGRADA DE NUTRIENTES (GIN) - Integra fontes inorgânicas e orgânicas de nutrientes no solo para obter produtividade e sustentabilidade.)

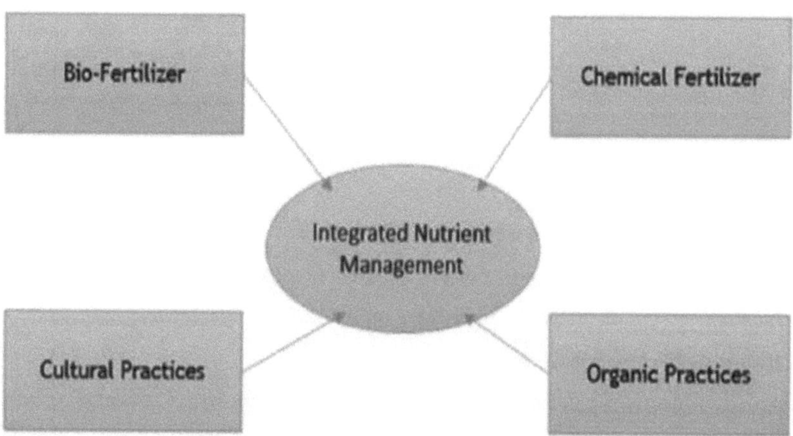

2. GESTÃO ESPECÍFICA DOS NUTRITENTES VEGETAIS DO LOCAL (SSNM) - Ajuda a recomendar procedimentos de gestão de acordo com as condições locais, bem como valores de teste do solo para obter o rendimento exato e desejado.

3.NUTRIÇÃO EQUILIBRADA DAS PLANTAS - Fornecimento de fontes orgânicas e inorgânicas de nutrientes numa proporção equilibrada, juntamente com outras práticas de gestão.

4. GESTÃO **DOS NUTRIENTES COM BASE EM ENSAIOS DE SOLOS**

• Recomendação de fertilizantes de acordo com os valores dos ensaios de solos .

• Desenvolvimento de equações de rendimento orientadas para culturas específicas em locais específicos.

CAPÍTULO 14

MÉTODOS DE CÁLCULO DO ÍNDICE DE QUALIDADE DO SOLO

- Os indicadores de qualidade do solo assim determinados devem ser reduzidos a um conjunto mínimo de dados (MDS) através de uma série de métodos estatísticos uni e multivariados utilizando o software SPSS-10.

- Para cada variável estatisticamente significativa, pode ser efectuada uma análise de componentes principais (PCA).

- O MDS é ainda analisado segundo o princípio da correlação e regressão, seguido da transformação dos indicadores com base no princípio da pontuação linear.

- Os IQS calculados são representados por um relatório de saúde do solo.

CAPÍTULO 15

<u>RELATÓRIO SOBRE A SAÚDE DO SOLO</u>

Os dados brutos dos indicadores individuais e a informação de base sobre a localização da amostra e o historial de gestão são sintetizados num relatório gerado automaticamente e de fácil utilização pelo agricultor. Este relatório apresenta as informações sobre a saúde do solo de um campo, identificando as áreas onde os esforços de gestão do solo podem ser direcionados. Indica parâmetros tais como

Informações gerais

Lista de indicadores

Valores dos indicadores

Classificações

Restrições

Pontuação de qualidade global

CAPÍTULO 16

RESULTADOS DA INVESTIGAÇÃO

A experiência foi desenhada em blocos aleatórios com 6 tratamentos e quatro repetições. Os seis tratamentos foram T1- Pressmud @ 5t/ha + Dose recomendada de fertilizante (RDF; 80:30:0 kg NPK/ha)

T2- Lama de pressão @ 10t/ha + FTR

T3-Pressmud@ 15 t/ha +RDF

T4pressmud @ 20t/ha + RDF

T5-Estrume do quintal (FYM) @ 10 t/ha + FTR

T6-RDF sozinho.

Pressmud e FYM foram incorporados uma semana antes do transplante de mudas de arroz. A dose recomendada de fertilizante (RDF) foi aplicada como quantidade total de P (30 kg/ha) como basal através de DAP, onde o N (80 kg/ha) foi aplicado em 3 divisões viz., 40 por cento basal, 40 por cento no perfilhamento ativo e 20 por cento na fase de iniciação da panícula para todos os tratamentos através de sulfato de amónio.

Table 2: Effect of different treatments on grain and straw yield of paddy (t/ha)

Treatment	1995	1996	1997	1998	1999	2000	2001	2002	2003	2004	2005	2006	2007	Pooled
						Grain yield								
T_1	3.691	4.647	4.872	6.271	5.175	6.068	6.752	5.149	4.808	4.637	4.743	4.102	4.615	5.041
T_2	3.815	4.767	4.743	6.303	5.340	5.919	7.130	5.620	4.743	4.530	4.743	3.996	4.658	5.102
T_3	3.910	4.885	4.530	6.624	5.004	6.229	7.276	5.620	4.808	4.615	4.850	4.273	5.171	5.214
T_4	4.250	4.833	4.701	6.656	5.444	6.410	7.489	5.449	4.872	5.021	4.872	4.316	5.342	5.338
T_5	4.156	4.767	4.551	6.752	5.575	5.993	7.692	5.385	4.786	4.722	4.808	4.295	4.722	5.246
T_6	4.060	4.592	4.423	6.218	5.224	5.780	6.923	5.427	4.786	4.893	4.765	4.295	4.508	5.069
SEm±	0.025	0.112	0.131	0.161	0.258	0.105	9.155	0.235	0.153	0.146	0.083	0.177	0.173	0.043
CD(P=0.05)	76	NS	NS	NS	NS	317	NS	NS	NS	NS	NS	NS	0.523	0.125
						Straw yield								
T_1	4.679	5.812	6.838	6.410	4.914	8.974	6.688	5.342	4.722	5.342	4.914	4.487	4.914	5.695
T_2	4.607	6.068	6.838	6.517	4.914	9.081	6.688	5.128	4.914	5.555	5.021	4.701	4.701	5.749
T_3	4.783	6.389	6.624	6.517	4.701	9.515	6.923	5.341	4.914	5.555	4.914	4.273	5.342	5.838
T_4	5.064	6.261	6.838	6.923	4.914	10.256	6.944	5.555	4.914	5.555	4.914	4.102	5.128	5.952
T_5	5.000	5.555	6.410	7.008	5.128	9.615	6.923	5.342	4.701	5.555	5.021	4.060	4.914	5.787
T_6	4.786	5.213	6.196	6.453	4.701	9.508	6.196	5.342	5.128	5.342	5.128	4.273	4.487	5.597
SEm±	0.043	0.218	0.729	0.177	0.351	0.232	0.097	0.196	0.237	0.255	0.137	0.253	0.281	0.078
CD(P=0.05)	0.141	0.660	NS	NS	NS	0.699	0.394	NS	NS	NS	NS	NS	NS	0.217

RESULTADO-:Nenhum dos parâmetros de crescimento e rendimento foi significativamente influenciado pelos tratamentos (Quadro 1). No entanto, a altura máxima das plantas foi observada com o tratamento integrado de nutrientes do que sem tratamento orgânico (T6). O crescimento foi influenciado principalmente pela fertilização com azoto e todos os tratamentos receberam uma quantidade semelhante de azoto químico. Isto faz com que a disponibilidade inicial de N a partir do azoto do fertilizante encoraje um melhor crescimento primário; enquanto a libertação lenta de nutrientes após a decomposição dos orgânicos (FYM e pressmud) sustenta o crescimento que pode não ter efeito no crescimento inicial das plantas. Portanto, não houve diferença significativa nos componentes de crescimento e rendimento.

Rendimento de grãos e palha: A aplicação de pressmud @ 20 t/ha junto com a dose recomendada de fertilizante, RDF (T4) deu o maior rendimento de grãos (Tabela 2) que foi igual ao de pressmud @ 15 t/ha +RDF (T3) em 2000 e 2005 e com ou FYM @ 10 t/ha + RDF (T5) em 1995. Dados agrupados de 13 anos mostraram que o tratamento T4 (pressmud @ 20 t/ha + RDF) deu o maior rendimento (5,36 t/ha) que permanece estatisticamente em parte com o tratamento T5 (FYM 10 t/ha + RDF). O tratamento sem orgânico (T6 apenas RDF) teve um rendimento de grãos mais baixo, que permanece a par com pressmud @ 5 t/ha +RDF (T1) e pressmud @ 10 t/ha +RDF (T2). Isto pode ser devido à melhoria no fornecimento de nutrientes com mais orgânicos, o que melhora as propriedades físico-químicas e biológicas do solo, fornecendo alimentos essenciais para os micróbios.

FONTERegional

Estação de Investigação do Arroz, Universidade Agrícola de Navsari, Vyara, (Gujarat)

Journal of Rice Research, Vol.2, No.2

CAPÍTULO 17

IMPORTÂNCIA DO CARTÃO DE SAÚDE DO SOLO PARA UM SOLO

Os testes de solo são reconhecidos como uma ferramenta científica sólida para avaliar o poder inerente do solo para fornecer nutrientes às plantas. Os benefícios dos testes de solo foram estabelecidos através de investigação científica, demonstrações extensivas no terreno e com base na utilização efectiva de fertilizantes pelos agricultores com base em recomendações de utilização de fertilizantes baseadas em testes de solo.

A análise do solo foi iniciada no país no início da era do planeamento, com a criação de 16 laboratórios de análise do solo em 1955.

O Governo da Índia tem vindo a apoiar este programa durante diferentes períodos de planeamento para aumentar a capacidade de análise do solo no país. O número de efectivos não indica, contudo, de forma decisiva a qualidade e o êxito do programa. Os planeadores e os agrónomos reconheceram plenamente a utilidade deste serviço, mas a sua execução é prejudicada por um apoio científico inadequado.

O estudo do perfil do solo é importante do ponto de vista da cultura, uma vez que revela as caraterísticas e qualidades superficiais e subsuperficiais, nomeadamente, a profundidade, a textura, a estrutura, as condições de drenagem e a relação solo-humidade, que afectam diretamente o crescimento das plantas. O estudo do perfil do solo, complementado pelas propriedades físicas, químicas e biológicas do solo, permite obter uma imagem completa da fertilidade e da produtividade do solo.

As propriedades físicas do solo incluem a capacidade de retenção de água, o arejamento, a plasticidade, a textura, a estrutura, a densidade e a cor, etc. As propriedades químicas referem-se à composição mineralógica e ao teor do tipo de mineral, como a caulinite, a ilite e a montemorilonite, à saturação de bases, ao teor de húmus e de matéria orgânica. Se for emitido um cartão de saúde do solo a um agricultor, este pode enriquecer o seu solo em termos de produtividade e, assim, obter mais benefícios, mas o facto é que a taxa de alfabetização funcional dos agricultores na Índia não é apreciável em termos numéricos.

No entanto, deve haver um programa de sensibilização para apoiar e encorajar os produtores a realizarem testes de solo nas amostras de solo das suas explorações agrícolas (pelo menos uma vez em cada 3 anos) e, consequentemente, a optarem por práticas de gestão das culturas com base no estado de saúde do solo e nos constrangimentos existentes no solo, a fim de obterem um rendimento ótimo sustentável, económico e rentável, juntamente com a proteção do solo e do ecossistema.

CAPÍTULO 18

REFERÊNCIAS

- INTRODUÇÃO À CIÊNCIA DO SOLO PELO Dr. DILLIP KUMAR DAS
- A NATUREZA E AS PROPRIEDADES DO SOLO POR NyleC.NBrady e Ray R. Weil
- LIVRO DA SOCIEDADE INDIANA DE CIÊNCIA DO SOLO
- *Estação Regional de Investigação do Arroz, Universidade Agrícola de Navsari, Vyara, (Gujarat)*, Journal of Rice Research, Vol.2, No.2
- (Ch. SrinivasaRao, A. K. Indoria* e K. L. Sharma ICAR-Central Research Institute for Dryland Agriculture, Hyderabad 500 059, Índia CURRENT CIENCE, VOL. 112,NO. 1498 7, 10 DE ABRIL DE 2017)

Printed by Books on Demand GmbH, Norderstedt / Germany